Stand und Zukunft
der
Acetylenbeleuchtung.

Im Auftrage des Calciumcarbid- und Acetylengasvereins

verfasst von

Dr. O. Frölich und Ingenieur H. Herzfeld.

Berlin.
Verlag von Julius Springer.
1898.

ISBN-13: 978-3-642-98660-4   e-ISBN-13: 978-3-642-99475-3
DOI: 10.1007/978-3-642-99475-3

Buchdruckerei von Gustav Schade (Otto Francke) in Berlin N.

Vorwort.

Die Acetylenbeleuchtung beginnt sich in allen Ländern mächtig zu heben; der jetzige Zeitpunkt erscheint daher günstig für die Veröffentlichung einer kleinen, sich an die Techniker und das gebildete Publikum im Allgemeinen wendenden Schrift, welche die Orientirung auf diesem Gebiete, ohne das Studium ausführlicher Lehrbücher, ermöglicht.

Die Herren Dr. O. Frölich und Ingenieur H. Herzfeld haben die Ausarbeitung einer solchen Schrift freundlichst übernommen; wir übergeben dieselbe hiermit der Oeffentlichkeit in der Hoffnung, dass wir hierdurch zur Bekämpfung der gegen die Acetylenbeleuchtung herrschenden Vorurtheile, sowie zur Förderung des Interesses für diesen neuen Industriezweig beitragen.

Im März 1898.

Für den Calciumcarbid- und Acetylengasverein:

J. Knappich in Augsburg, Vorsitzender.
Fr. Liebetanz in Düsseldorf, Schriftführer.

Inhalt.

	Seite
Einleitung	7
Uebersicht	10
Stand der Carbidtechnik	12
Stand der Acetylentechnik	18
Die Gefährlichkeit des Acetylens	27
Vergleich der Acetylenbeleuchtung mit den übrigen Beleuchtungsarten	34
Die Zukunft der Acetylenbeleuchtung	40
Schluss	44

Inhalt

Einleitung.

Man erinnert sich des Aufsehens, welches Anfang 1895 die aus Amerika kommende Kunde erregte, dass zufällig bei Experimenten in einem elektrischen Ofen ein Stoff entdeckt worden sei, der beim Aufgiessen von Wasser ein brennbares Gas in Menge entwickele, und dass durch zweckmässige Anordnung der Verbrennung dieses Gases eine Flamme entstehe, deren blendende Weisse und unerhörte Leuchtkraft alle bisherigen Leuchtflammen weit übertreffe. Das Gas war das Acetylen, der im elektrischen Ofen hergestellte Körper das Calciumcarbid. Mit journalistischen Trompetenstössen wurde der Eintritt einer neuen Aera für die Beleuchtungsindustrie verkündet, deren Verbindung mit der Elektrotechnik, diesem gewaltigen Hebel der modernen Industrie, ihr nicht nur echt modernes Gepräge verlieh, sondern einen ebenso riesenhaften Aufschwung wie bei der Elektrotechnik verhiess.

Die Sachlage klärte und beruhigte sich allmählich. Männer der Wissenschaft zeigten, dass Acetylen und Calciumcarbid nicht nur längst bekannt und eingehend studirt seien, sondern dass auch einem französischen Forscher ersten Ranges vor oder gleichzeitig mit dem Amerikaner die Herstellung des ersteren Stoffes im elektrischen Ofen gelungen sei.

Die Techniker dagegen liessen sich diese Erörterungen wenig anfechten, sondern stürzten sich auf diese der Technik bisher fremden Stoffe, um die neue Beleuchtung technisch zu entwickeln und an der erwarteten technischen Bewegung aktiv Theil zu nehmen.

Bald folgten indessen Rückschläge in Form von Explosionen in Frankreich und in Deutschland. Einige dieser Explosionen waren, wie die trotz aller Vorsicht immer wieder auftretenden Leuchtgasexplosionen, darauf zurückzuführen, dass Acetylen in einen geschlossenen Raum ausgeströmt war und dann in diesen

Raum eine Flamme gebracht wurde. Mehrere dieser Explosionen aber, und gerade die furchtbarsten erfolgten durch Zersetzung des in starken Eisenbehältern bis zum flüssigen Zustand komprimirten Acetylens, und merkwürdigerweise gerade bei denjenigen Erfindern, welche durch sorgfältige chemische Reinigung dem Acetylen die Neigung zur Explosion genommen zu haben glaubten. Eine allgemeine Panik trat ein; das Publikum zog sich zurück, die Polizeibehörden erliessen drakonische Bestimmungen, und die ganze Bewegung schien zu erlöschen.

Jedoch weder die Gelehrten, noch die Techniker liessen sich auf die Dauer abschrecken. Die Bedingungen, unter welchen Acetylen explodirt, wurden sorgfältig festgestellt; es zeigte sich, dass unter gewissen Verhältnissen gar keine Gefahr herrscht, und dass unter denjenigen Bedingungen, bei welchen eine Explosion möglich ist, die Gefahr beseitigt werden kann, sei es durch Mischung des Acetylens mit anderen Gasen, sei es durch Beifügung absorbirender Körper. Diese Arbeiten nahmen geraume Zeit in Anspruch und ihre Resultate übten zwar auf die Laien kaum einen Eindruck aus, wohl aber auf die Techniker, welche in Folge derselben mit neuem Muthe sich der Ausbildung der Acetylenbeleuchtung befleissigten. Es traten eine Menge Patente auf Acetylengasgeneratoren auf, Acetylenbeleuchtungsanlagen entstanden, allerdings in geringem Umfang und kleiner Zahl, aber doch gross und zahlreich genug, um die praktischen Schwierigkeiten dieser Beleuchtung kennen und überwinden zu lernen.

Auch die Anlagen zur Fabrikation von Carbid vermehrten sich etwas, und die bestehenden bildeten diese Fabrikation technisch weiter aus; namentlich gewann man mehr Klarheit über die Ausbeute, welche bei der Carbidfabrikation wirklich erhalten wird, und über die Bedingungen, unter welchen die Anlage einer Carbidfabrik noch lohnend erscheint.

Aber noch ein anderer Vortheil entwickelte sich aus der den Explosionen nachfolgenden stillen Periode: die Hoffnungen, welche man auf die Anwendung des Acetylens in der Technik gehabt hatte, wurden auf das richtige Maass zurückgeführt, und die praktisch unmöglichen, oder noch nicht genügend ausgebildeten Anwendungen, wenigstens vorläufig, auf die Seite gestellt.

Endlich, vor etwa einem halben Jahre, machten sich Zeichen eines neuen Aufschwungs allmählich bemerklich; die Nachfrage nach Carbid fing an zu steigen, an einzelnen Plätzen bildeten sich Agenturen für Verkauf von Carbid, die Regierungen verschiedener Länder nahmen die für die Acetylenbeleuchtung zu erlassenden Vorschriften in erneute und wohlwollendere Berathung; als deutlichstes Merkmal des Umschwunges in den Anschauungen sowohl des Publikums als der staatlichen Behörden kann wohl die Thatsache bezeichnet werden, dass Ende vorigen Jahres in Preussen Verordnungen bezgl. der Acetylenbeleuchtung erlassen wurden, welche zwar die Ansprüche der Techniker noch nicht befriedigen, bei denen aber die Fesseln, welche die früheren Polizeiverordnungen dieser Industrie angelegt hatten, zum grössten Theil abgestreift waren.

In den letzten Monaten wurde dieser Aufschwung unverkennbar; die Nachfrage nach Carbid hat sich allenthalben dermassen gesteigert, dass die bestehenden Anlagen Mühe haben, das nothwendige Carbid zu besorgen, und dass die Vermehrung der Acetylenbeleuchtung nur noch in demselben Tempo erfolgen kann, als die Carbidfabrikation vergrössert wird. Nicht nur in den hochentwickelten Ländern, in denen alle Beleuchtungssysteme sich anwenden lassen, regt sich das Verlangen nach dem Acetylen als einer prachtvollen und zugleich leicht zu handhabenden Lichtquelle, sondern noch mehr die entlegenen oder wenig entwickelten Länder, welche bisher ihr Lichtbedürfniss nur in geringem Maasse befriedigen konnten, verlangen gebieterisch nach dem Acetylen als einem Mittel, um in Bezug auf Beleuchtung die hochentwickelten Länder einzuholen.

Wer diese Entwickelung beobachtet hat, gewinnt den Eindruck, dass wir an der Schwelle einer neuen Epoche der Beleuchtung stehen; deshalb scheint der jetzige Zeitpunkt geeignet, um mit einer kurzen, gemeinfasslichen Darstellung des Standes und der Zukunft der Acetylenbeleuchtung vor das Publikum zu treten.

Wir geben im Folgenden zunächst eine **Uebersicht** über Herstellung des Calciumcarbids und des Acetylens und die Anwendungen des letzteren und besprechen alsdann den **Stand der Carbidtechnik, den Stand der Acetylentechnik, die Gefährlichkeit und Giftigkeit des Acetylens, das Verhältniss der wichtigsten Lichtquellen zu einander,** und schliesslich **die Zukunft der Acetylenbeleuchtung.**

Die Konstruktionen, welche für die zur Herstellung des Carbids dienenden elektrischen Oefen, die Acetylengeneratoren, die Acetylenbrenner u. s. w. ausgeführt oder vorgeschlagen sind, besprechen wir im Folgenden nicht im Einzelnen, sondern verweisen in dieser Beziehung auf die bezgl. Handbücher und andere Veröffentlichungen. Ebensowenig wie es bei Ringern, die auf den Kampfplatz treten, nicht möglich ist, zum Voraus mit Sicherheit den Sieger zu bestimmen, kann auch der gewiegteste Techniker ein sicheres Urtheil abgeben über die oben genannten Apparate; das Urtheil muss vielmehr die technische Praxis selbst sprechen. Wir beschränken uns daher darauf, die Wirkungsweise und die Eigenthümlichkeiten, welche den verschiedenen Apparaten gemeinsam sind, und die erzielten Erfolge soweit zu erörtern, als es zum allgemeinen Verständniss nothwendig ist.

Von Zahlen geben wir nur die wichtigsten, Namen beinahe keine; wir glauben auf diese Weise dem Bedürfniss des Publikums entgegenzukommen, welches nur nach einer Zusammenstellung und Besprechung der Thatsachen verlangt, und zugleich der Eifersucht der konkurrirenden Techniker zu entgehen.

Uebersicht.

Calciumcarbid entsteht, wenn man ein Gemenge von gebranntem Kalk und Kohle in pulverisirtem Zustand in einen elektrischen Ofen bringt. Bei der grossen Hitze, welche ein solcher Ofen hervorbringt und welche auf über 3000° C. geschätzt wird, entreisst ein Theil der Kohle dem Kalk, welcher in einer Verbindung von Sauerstoff mit dem Metall Calcium besteht, den Sauerstoff, sodass Kohlenoxyd sich bildet und Calcium frei wird; das Calcium verbindet sich sofort mit einem anderen Theil der Kohle zu Calciumcarbid, d. h. einer Verbindung von Calcium mit Kohle, während das Kohlenoxyd entweicht und in Verbindung mit dem Sauerstoff der Luft zu Kohlensäure verbrennt.

Dieser Versuch lässt sich leicht anstellen, wenn elektrischer Strom, wie zu einem kräftigen Bogenlicht, zur Verfügung steht. Man führt in einen Graphittiegel, der mit dem einen Pol verbunden ist, einen mit dem anderen Pol verbundenen Kohlenstab ein, bildet am Boden des Tiegels den Lichtbogen, füllt dann ein Gemenge von etwa 2 Gewichtstheilen Kokespulver und 3 Gewichtstheilen pulverisirtem gebrannten Kalk ein und unterhält den Lichtbogen mindestens eine Viertelstunde; man findet alsdann am Boden des Tiegels ein Stück Calciumcarbid.

Für die Herstellung des Calciumcarbids aus Kalk und Kohle ist eine sehr hohe Temperatur nothwendig, wie sie heutzutage nur der elektrische Ofen erzeugen kann. Es ist deshalb unwahrscheinlich, dass es gelingen wird, Calciumcarbid ohne den elektrischen Ofen herzustellen.

Ausser Calciumcarbid lassen sich im elektrischen Ofen auf ähnliche Weise eine Reihe anderer Carbide herstellen, d. h. Verbindungen von Kohlenstoff mit anderen Metallen, wie Baryum, Strontium, Aluminium u. s. w.; für die technische Praxis hat indessen vorläufig nur das Calciumcarbid Bedeutung. Wir bedienen uns im Folgenden für das Calciumcarbid der abgekürzten Bezeichnung: „Carbid".

Acetylengas entwickelt sich, wenn man Carbid in Wasser wirft; auf diese Weise soll die Bildung von Carbid im elektrischen Ofen entdeckt worden sein. Bringt man in ein Reagensglas etwas Carbid und giesst Wasser darauf, so entwickelt sich stürmisch ein Gas, welches, angesteckt, am Munde des Glasrohres mit rother, russender Flamme verbrennt.

Die Heftigkeit dieser Zersetzung des Wassers lässt sich nur vergleichen mit derjenigen, welche das Metall Kalium hervorbringt. Während jedoch bei der letzteren Zersetzung Wasserstoffgas entweicht, bildet sich bei der ersteren eine Verbindung des Wasserstoffs mit Kohle, eben das Acetylen.

Das Acetylen ist ein farbloses Gas, leichter als Luft, leicht kenntlich durch seinen „muffigen" Geruch, ist etwas giftig und dem Chemiker namentlich auch interessant als einer der Grundstoffe, aus welchem sich die meisten organischen Verbindungen herstellen lassen.

Das Acetylen ist von den bei der Lichterzeugung praktisch in Betracht zu ziehenden brennbaren Gasen dasjenige, welches am meisten Kohlenstoff enthält; daher kommt es, dass, wenn dem brennenden Acetylen nicht durch besondere Vorkehrungen Luft reichlich zugeführt wird, ein bedeutender Theil der Kohle nicht verbrennt, sondern als Russ sich abscheidet.

Sorgt man jedoch dafür, dass das Acetylen bei der Verbrennung genügend mit Luft gemischt wird, so zeigt die Acetylenflamme eine blendend weisse Farbe von viel grösserer Leuchtkraft als alle sonst bekannten Flammenarten und russt nicht mehr. Ausser durch diese Eigenschaften seiner Flamme zeichnet sich das Acetylen vor Allem durch die einfache leichte und ohne Heizprozess vor sich gehende Art seiner Darstellung aus Calciumcarbid aus.

Als das Acetylen durch die Herstellung des Carbids im elektrischen Ofen auf dem technischen Markt in den Vordergrund trat, gaben manche Chemiker sich der Hoffnung hin, dass nun auch wichtige organische Körper, vor Allem der Alkohol, sich durch Vermittelung des Acetylens und Calciumcarbids aus den organischen Stoffen, Kalk und Kohle, herstellen lasse. Im Laboratorium lässt sich diese Herstellung ausführen und war schon bekannt; sie ist indessen nicht so einfach und ausgiebig, dass deren Einführung in die technische Praxis möglich wäre.

Eine der Verwirklichung viel näher stehende Anwendung des Acetylens ist diejenige in Gasmotoren statt des Leuchtgases; dieselbe scheint aussichtsvoll, weil das Acetylen bei der Verbrennung viel mehr Energie entwickelt als Leuchtgas. Versuche sind von Gasmotorenfabriken vielfach angestellt worden, haben aber ergeben, dass der jetzige Preis des Carbids diese Art der Verwendung des Acetylens nicht gestattet.

Es bleibt deshalb vorläufig als die einzige, praktisch wichtige Anwendung des Acetylens die Acetylenbeleuchtung.

Stand der Carbidtechnik.

Die Fabrikation von Carbid im technischen Grossbetrieb hat bereits mehrere Jahre Zeit gehabt, sich zu entwickeln. Es versteht sich, dass von einem Ende dieser Entwickelung noch nicht gesprochen werden kann; allein es lohnt sich, den augenblicklichen Stand dieser Industrie zu überblicken, um zu beurtheilen, auf welcher Stufe der Entwickelung dieselbe angelangt ist.

Wir behandeln nacheinander: die Betriebskraft, die Umwandlung der Betriebskraft in elektrische Energie, die elektrischen Oefen und beschreiben zuletzt eine Carbidanlage.

Betriebskraft. Die Carbidfabrikation besitzt den grossen Vorzug, dass die Rohstoffe, gebrannter Kalk und Kohle, beinahe überall in genügender Menge und Qualität zu haben sind, aber den grossen Nachtheil, dass die Betriebskraft eine grosse und billige sein muss, wenn gute Rentabilität erzielt werden soll. Die Carbidfabrikanten gingen daher von Anfang an auf die Suche nach grossen und billigen Betriebskräften; der Eifer, mit welchem gesucht wurde, hat sich in letzter Zeit noch bedeutend vermehrt, als man erkannte, dass für den Absatz von Carbid nichts zu befürchten ist und im Gegentheil auch bei sehr bedeutender Vergrösserung der Carbidfabrikation das Bedürfniss nach Carbid nicht befriedigt werden wird.

Natürlich kommen hierbei zunächst Wasserkräfte in Frage. Die grossen Kräfte dieser Art in den Gebirgen sind noch sehr wenig ausgenutzt, weil es bisher an Industriezweigen fehlte, welche an den meist abgelegenen Stellen dieser Kräfte sich in lohnender Weise einrichten liessen; da die Carbidfabrikation wenig von der Lage des Werks abhängt und nur gute Transportmittel verlangt, eröffnet sich auf diese Weise eine grossartige Perspektive für Gebirgswasserkräfte, deren Ausnutzung in den nächsten Jahren bevorsteht.

Indessen muss auch vor dem Schlagwort „Wasserkraft" in gewissem Grade gewarnt werden. Nicht jede Wasserkraft ist für lohnende Carbidfabrikation billig genug, wirklich billig sind nur die Wasserkräfte mit hohem Gefälle; Vorsicht und genaue Prüfung sind also auch hier geboten.

Die grossen Flachländer, wie Deutschland, Russland, Frankreich, welche wenige billige Wasserkräfte besitzen, aber für Acetylen eher mehr Bedürfnisse zeigen, als die Gebirgsländer, sind durch diese Umstände in Nachtheil versetzt, und man beginnt die Frage nach anderen, billigen und grossen Betriebskräften zu studiren.

Dieses Gebiet gehört indessen mehr der Konjektur an, der Wirklichkeit beinahe gar nicht; wir fassen uns deshalb hier ganz kurz.

Es ist wohl wahr, dass wir von den grossartigsten natürlichen Kraftquellen umgeben sind; der Weg indessen, der zu ihrer Nutzbarmachung führt, ist ein langer und schwieriger.

Solche Kraftquellen sind: Sonnenwärme, Ebbe und Fluth, Meereswellen, und Wind.

Für die Sonnenwärme existirt noch keine brauchbare Motorkonstruktion, obschon einige Anstrengungen in dieser Richtung gemacht wurden.

Für Ebbe und Fluth liessen sich Turbinen verwenden, welche sich für kleine Gefälle eignen; allein es müssten sehr grosse und theure Behälter konstruirt werden, in welche und aus welchen das Seewasser strömt.

Die Ausnutzung der Kraft der Meereswellen hat zwar begonnen; von einer allgemeineren Anwendung kann indessen kaum schon die Rede sein.

Für den Wind besitzt man zwar seit langem praktisch erprobte Motoren, die neueren Windmühlen; allein die Grösse derselben ist beschränkt, sodass die Herstellung grosser Kräfte für die Carbidfabrikation umständlich und theuer erscheint.

Ob sich in fernerer Zukunft die Benutzung einer dieser Kraftquellen doch noch so entwickelt, dass sie für Carbidfabrikation in Frage kommt, kann nicht durchaus verneint werden; der praktische Techniker wird indessen jetzt kaum mit diesen Aussichten rechnen.

Weiterhin treten uns bei unserer Umschau entgegen die verschiedenartigen natürlichen Vorräthe an Kohlen und kohlenhaltigen Körpern, welche zum Theil allgemein zur Erzeugung von Energie im Gebrauch sind, zum Theil anfangen, hierzu verwendet zu werden: Steinkohle, Braunkohle, Petroleum, Torf.

Die Verwendung dieser Kohlenarten zur Erzeugung von Dampf und zum Betrieb von Dampfmaschinen bildet einen unserer am weitesten entwickelten Industriezweige; für Carbidfabrikation ist derselbe jedoch ausgeschlossen, wenn die Kohle nicht ganz billig ist. Bei sehr billiger Kohle ist der Dampfbetrieb zwar noch angängig, solange der Preis des Carbids nicht erheblich unter den heutigen Stand gesunken ist, kann aber die Konkurrenz mit wirklich billigen Wasserkräften nicht mehr aushalten, sobald der Carbidpreis bedeutend fällt. Die Dampfmaschine mit sehr billigen Kohlen stellt sich in den Betriebskosten ähnlich wie eine theuere Wasserkraft.

Günstiger gestaltet sich bereits die Rechnung, wenn die Kohle als Kohlenstaub oder Petroleum im Gasmotor verbrannt wird, indem kein Zwischenglied, wie bei der Dampfmaschine der Dampfkessel, mehr auftritt und bei den neuesten Motoren bedeutend höherer Nutzeffekt erzielt wird. Indessen darf nicht vergessen werden, dass dieser Industriezweig eben erst anfängt sich zu entwickeln.

Der Betrieb von Gasmotoren mittels des gewöhnlichen Leuchtgases ist für Carbidfabrikation zu theuer.

Am günstigsten zeigt sich der Gasmotor, wenn er durch die Abgase betrieben wird, welche bei Hochöfen und Kokereien in grossen Mengen erzeugt werden und bisher vielfach keine Verwendung fanden; es ist nicht unmöglich, dass sich hieraus für die Carbidfabrikation eine Kraftquelle von ganz erheblicher Bedeutung heranbildet.

Umwandlung der Betriebskraft in elektrische Energie. Hier kann sich die Carbidfabrikation die ganze moderne Entwickelung der Elektrotechnik dienstbar machen. Für Carbidfabrikation kann sowohl Gleichstrom, als Dreh- und Wechselstrom verwendet werden, mit nahe gleichem Erfolg, und es bereitet der Elektrotechnik keine Schwierigkeiten, für alle diese Stromarten stromerzeugende Maschinen bis zu sehr hohen Energien zur Verfügung zu stellen.

Liegt die Kraftquelle in erheblicher Entfernung von der Carbidfabrik, so bietet sich zur Ueberwindung derselben die so weit geförderte elektrische Energieübertragung dar.

Die elektrischen Oefen. Ein elektrischer Ofen besteht in einem gewaltigen elektrischen Lichtbogen, der zwischen zwei Kohlenkörpern sich bildet und in welchen die zu behandelnden Stoffe gebracht werden. Gewöhnlich giebt man dem einen Kohlenkörper die Form einer vertikalen, zum Zweck der Regulirung beweglichen Stange, dem anderen Kohlenkörper dagegen diejenige eines mit Kohlen gefütterten oder aus Kohlen bestehenden Tiegels, an dessen Boden der Lichtbogen entsteht und in welchen die zu behandelnden Stoffe gebracht werden.

Um gleich eine Anschauung der Verhältnisse zu geben, bemerken wir, dass als elektrische Spannung zwar die bei Bogenlicht gewöhnliche, als Stromstärke dagegen eine wenigstens hundertmal so starke genommen wird.

Die technischen Schwierigkeiten, welche sich der Konstruktion eines grossen Carbidofens entgegenstellen, sind nicht unbedeutend;

das zu behandelnde Material ist in kontinuirlicher Weise in den Lichtbogen einzuführen, es ist ein freier Abzug der grossen Mengen des sich bildenden Kohlenoxydgases zu schaffen, das gebildete Carbid ist abzuführen oder zu sammeln, der Abbrand der Kohlen ist möglichst zu ermässigen, für leichte, womöglich automatische Regulirung des Lichtbogens zu sorgen u. s. w. Eine der grössten Schwierigkeiten bildet die furchtbare Hitze des Lichtbogens, in welcher sämmtliche Metalle und Erden leicht, nur Kohle nicht, schmelzen, und welche auf wenigstens die doppelte Höhe der in einem Hochofen herrschenden Temperatur geschätzt werden muss.

Die beim Carbidofen zu erfüllenden Forderungen haben denn auch eine Reihe von Konstruktionen wachgerufen, von denen ein Theil in den vorhandenen und entstehenden Carbidanlagen geprüft und ausgebildet wird; ohne Zweifel wird die Technik in einigen Jahren mehrere bewährte Konstruktionen besitzen.

Ohne auf die Einzelheiten dieser Konstruktionen einzugehen, machen wir hier auf zwei verschiedene Arten des Betriebes aufmerksam, den alternirenden Tiegelbetrieb und den kontinuirlichen Betrieb.

Bei dem ersteren lässt man die in dem Tiegel sich bildende Carbidschicht anwachsen, bis dieselbe beinahe die Höhe des Tiegels erreicht hat; dann wird die Kohlenstange aus dem Tiegel gehoben, der Tiegel mit seinem „Carbidkuchen" entfernt, ein frischer, leerer Tiegel in den Ofen gebracht und in demselben ein neuer Carbidkuchen herzustellen angefangen.

Bei dem kontinuirlichen Betrieb wird ähnlich wie in einen Schmelz- oder Hochofen das auf der Sohle des Ofens sich sammelnde flüssige Carbid durch eine Oeffnung abgeführt, sei es kontinuirlich, indem die Oeffnung offen bleibt, sei es in periodischem Abstich, indem die Oeffnung abwechselnd geschlossen und wieder hergestellt wird. Diese Betriebsart lässt sich meist nur bei ganz grossen Oefen anwenden, weil bei kleineren Oefen in Folge geringerer Hitze das Carbid, dessen Erstarrungspunkt über 3000^0 Celsius liegt, am Rand des „Kuchens" ungemein leicht erstarrt und die Abstichöffnung verstopft.

Die Grössen, in welchen Carbidöfen gebaut werden, erstrecken sich von 100 Pf.St. bis 300 Pf.St. und darüber.

Beschreibung einer Carbidanlage. Nachdem wir die beiden Hauptbestandtheile einer Carbidanlage besprochen haben, erwähnen wir noch das Zubehör und die Zusammenstellung.

In der Regel wird die Anlage durch eine grössere Wasserkraft betrieben und daher auch dicht neben den Turbinen erbaut; ist diese Lage für die Fabrik ungünstig wegen der Transportverhältnisse oder wegen Platzmangels, so lässt sich die Energie der Turbinen durch den elektrischen Strom nach einer entfernten, besser gelegenen Stelle übertragen und dort die Carbidanlage errichten, aber natürlich nicht ohne bedeutende Mehrkosten und geringere Ausbeute.

Findet keine elektrische Energieübertragung statt, so liefern die von den Turbinen betriebenen Dynamomaschinen ihren Strom durch kurze Leitungen in die elektrischen Oefen.

Neben oder über den Oefen wird eine Zerkleinerungsanlage eingerichtet, welche aus Brechmaschinen, Mühlen, Mischmaschinen und Transportvorrichtungen besteht und in welcher die Blöcke des gebrannten Kalks und die Brocken der Kokes oder Holzkohlen in Pulver verwandelt, in bestimmtem Verhältniss gemischt und den Oefen in kontinuirlicher Weise zugeführt werden.

In den Oefen wird das Kalkkohlengemenge in glühendes Carbid verwandelt, welches nach der Abkühlung, entweder in Form von grossen Blöcken, wie sie der alternirende Tiegelbetrieb liefert, oder von Brocken, die bei dem kontinuirlichen Betrieb entstehen, in Blechbüchsen von 50—100 Kilo Inhalt verpackt werden. Die Büchsen werden verlöthet und sind alsdann zu beliebigem Transport zu Wasser und zu Lande fertig.

Der Betrieb einer Carbidanlage ist ähnlich demjenigen der in Hüttenwerken üblichen Hoch- und Schmelzöfen und wird am besten, um die Wasserkraft ganz auszunutzen, Tag und Nacht mit seltenen Pausen durchgeführt. Indessen unterscheiden sich die elektrischen Oefen von den Hüttenöfen wesentlich dadurch, dass sie jederzeit ausser Betrieb und in ganz kurzer Zeit wieder in Betrieb gesetzt werden können. Die Carbidfabrikation eignet sich deshalb auch, wenn die elektrische Energie nicht zu theuer ist, für elektrische Centralen als Füllarbeit, d. h. zur Beschäftigung der Maschinen während derjenigen Tagesstunden, in welchen die Entnahme von Licht und Energie gering ist.

Stand der Acetylentechnik.

Wir unterscheiden:
stationäre Acetylenapparate mit niedrigem Druck,
Acetylenapparate für Eisenbahnbeleuchtung,
tragbare Acetylenlampen.

Stationäre Acetylenapparate mit niedrigem Druck.

Diese Apparate bestehen in der Regel aus: **Gaserzeuger, Reiniger, Gasbehälter** und der zu den Brennern führenden **Rohrleitung**.

Je nach der Konstruktion und Grösse der Anlage fehlen zuweilen Reiniger und Gasbehälter.

Die für die Praxis brauchbaren **Gaserzeuger** gehören, mag nun die Anlage eine stationäre oder transportable sein, entweder einer der folgenden drei typischen Gruppen an, oder bilden Uebergangsformen derselben.

1. Gaserzeuger, in denen das Wasser und das Carbid sich in getrennten Gefässen befinden und das Wasser in bestimmter Quantität auf das Carbid fällt (**Tropfapparate und Ueberschwemmungsapparate**).

2. Gaserzeuger, in welchen sich Wasser und Carbid in demselben Gefäss befinden und die Berührung zwischen denselben durch Heben und Senken des Wasserspiegels, oder Bewegung des Carbidgefässes hergestellt wird (**Tauchapparate**).

3. Gaserzeuger, in welchen das Wasser und Carbid sich in getrennten Gefässen befinden und das Carbid in bestimmter Quantität ins Wasser fällt (**Einwurfapparate**).

Die Zuführung des Wassers zum Carbid oder des Carbids zum Wasser geschieht theilweise durch **Handhabung**.

Da nun aber, namentlich bei kleineren Anlagen, von dem Publikum an einen Apparat die Anforderung gestellt wird, dass eine Beschickung desselben für längere Zeit, Tage oder sogar Wochen ausreiche, und der Besitzer während dieser Zeit nicht viel mehr Arbeit als Schluss und Oeffnung der Hähne vor den Brennern haben will, so war man dazu gezwungen, Gaserzeuger mit im Verhältniss zu ihrer Grösse reichlicheren Mengen Carbid

Stand der Acetylentechnik.

zu beschicken und das Zusammenbringen von Carbid mit Wasser je nach Bedarf, d. h. je nachdem Gas verbrannte oder nicht, automatisch zu bewirken.

Weiterhin gruppirt man auch ganze Batterien derartiger, automatisch geregelter Gaserzeuger mit einer geringeren Carbidfüllung um einen gemeinsamen Gasbehälter und setzt einen Gaserzeuger nach dem anderen automatisch in Thätigkeit, so dass immer die ausgenutzten Gaserzeuger ausgeschaltet, gereinigt und wieder beschickt werden können und man auf diese Weise eine ununterbrochene Produktion erreicht.

Bei fast allen Gaserzeugern wird als Kraft zur Bewegung des automatischen Mechanismus entweder das Steigen und Fallen der Gasbehälterglocke (mit zu- und abnehmendem Bestand an Acetylen bei konstantem Druck) benutzt, oder der variable Druck des Gases im Entwickler, zuweilen wird auch noch eine äussere Kraft (Gewichte, Uhrwerk) zu Hülfe genommen, mit Vorliebe das Aufblähen und Zurückweichen einer gespannten Membrane, welche nach Innen hin einen lufterfüllten Raum hermetisch abschliesst, von Aussen her aber den veränderlichen Druck des erzeugten Gases erleidet.

Bei Anlagen mit Gasbehälter soll eine erneute Zuführung des Wassers zum Carbid oder des Carbids zum Wasser immer dann stattfinden, wenn der Gasbehälter fast leer ist.

Auch die Vorrichtungen zur Vermeidung eines unzulässig hohen Druckes in den Gaserzeugern sollen nicht fehlen; bei vielen Apparaten ist diese Sicherheit allerdings schon dadurch gewährleistet, dass der Entwickelungsraum von der Atmosphäre durch einen Wasserabschluss von genügendem Querschnitt getrennt ist.

Wir gehen nunmehr zur Besprechung der drei typischen Formen über.

Die *Tropf-Apparate* sind die zuerst zur Anwendung gelangten. Das Carbid befindet sich in der Regel in einem im Gaserzeuger befindlichen Korbe aus durchlöchertem Eisenblech, welcher das Entfernen der Kalkrückstände aus dem ausser Betrieb gesetzten Gaserzeuger erleichtert.

Die Verzehrung des Carbids schreitet in der Regel von oben nach unten vor.

Die Zersetzung des Carbids und damit die Gaserzeugung erfolgt mit grosser Schnelligkeit; zur Regulirung der Einwirkung des Wassers auf das Carbid wird daher empfohlen, dasselbe mit gegen Wasser indifferenten Stoffen zu imprägniren, z. B. Stearin, Oel und dergl. Andererseits sind in derselben Absicht auch Zusätze zum Entwickelungswasser von solchen Stoffen gemacht worden, welche sich indifferent gegen Carbid zeigen (Glucose, Melasse, Holzgeist, Glycerin, Salzwasser).

Alle diese Mittel dürften bei guten Apparaten nicht nöthig sein.

Um die Einwirkung des Wassers in einer gewissen Zeit auf eine bestimmte, geringere Menge Carbid zu beschränken, schichtet man das Carbid unter Anwendung von wasserundurchlässigen Scheidewänden zwischen je zwei Schichten über einander oder neben einander in gleichen Portionen im Erzeuger auf.

Die Zuführung des Wassers kann automatisch sowohl durch die Bewegungen der Gasbehälterglocke, als auch durch den veränderlichen Druck des Gases bewirkt werden.

Bei den *Ueberschwemm-Apparaten* stehen im Gaserzeuger eine Anzahl oben offener Gefässe, welche mit gleichen Portionen Carbid angefüllt sind. Das Wasser, dessen Zufluss automatisch geregelt ist, füllt steigend den Raum des Gaserzeugers an und überschwemmt ein Carbidgefäss nach dem anderen, weil die Ueberflusskanten der Gefässe in verschiedener Höhe liegen. Der Inhalt eines Carbidgefässes liefert immer eine Füllung des Gasbehälters.

Bei den bekanntesten *Tauchapparaten* besteht der Gaserzeuger aus einem mit Wasser gefüllten Gefäss, in welchem ein unten offener, mit Carbid gefüllter Behälter fest angebracht ist, aus dem das erzeugte Gas entweichen kann. Das Wasser füllt steigend den Carbidbehälter an, bis das Carbid in dasselbe eintaucht, und veranlasst Gasproduktion.

Bei den Apparaten ohne Gasbehälter ist hiermit ohne Weiteres eine Druckerhöhung verbunden, so dass das Wasser von dem Carbid zurückgedrängt und die Produktion unterbrochen wird, bis bei fallendem Gasdruck das Wasser wieder steigt, das Carbid wieder eintaucht, kurz das Spiel sich erneut.

Bei Apparaten mit Gasbehältern muss, da bei denselben der Gasdruck im Wesentlichen konstant erhalten wird, Vorsorge getroffen werden, dass bei genügend hohem Gasbehälterstand eine Belastung des Gasbehälters oder Unterbrechung der Verbindung desselben mit dem Gaserzeuger stattfindet, um die Druckerhöhung zu ermöglichen. Man kann die Hebung und Senkung des Wasserspiegels auch bei ununterbrochener Verbindung des Erzeugers mit dem Gasbehälter, also bei konstantem Druck im Erzeuger, erreichen, indem ein mit dem Wasserraum desselben kommunicirendes Reservoir durch automatische Einwirkung der Gasbehälterglocke gehoben und gesenkt wird.

Bei anderen Tauchapparaten ist der Carbidbehälter an der Glocke des Gasbehälters befestigt und steigt mit derselben auf und ab.

Die Tauchapparate müssen so ausgebildet sein, dass die Nachentwickelung keinen Schaden anrichten kann.

Unter Nachentwickelung bezeichnet man die nachträgliche, unbeabsichtigte Entwickelung von Acetylen, nachdem schon die Gasentwickelung in der Hauptsache beendet ist. Sie hat bei den Tauchapparaten ihren Grund darin, dass

1. das Carbid sich mit einer Kruste von Aetzkalk überzieht, unter welcher sich unverändertes Carbid befindet (wenn die Kruste platzt, findet ein Eindringen von Wasser oder Wasserdampf nach innen statt und in Folge dessen Gasentwickelung);
2. das noch nicht benutzte Carbid von dem im Carbidraum befindlichen Wasserdampf zersetzt wird.

Es ist auch behauptet worden, dass ein Theil des Wassers von dem erwärmten Kalk aufgenommen wird, von diesem beim Erkalten wieder abgegeben werde; nach anderen Forschungen beruht diese Behauptung auf Irrthum.

Die einfachsten *Einwurf-Apparate* bestehen lediglich aus einem zum Theil mit Wasser gefüllten Behälter, in welchen durch eine Einwurföffnung durch Menschenhand nach Bedarf Carbid geworfen wird; dabei ist selbstverständlich die Einwurföffnung so ausgebildet, dass beim Hineinwerfen möglichst kein Acetylen aus dem Apparat entweichen und keine Luft in den Apparat eindringen kann. Derartige Gaserzeuger werden namentlich bei grösseren Anlagen (Strassenbeleuchtung), wenn eine menschliche Arbeitskraft zur ständigen Bedienung disponibel ist, verwendet. Beispiel: Anlage der pr. Staatseisenbahnen, Bahnhof Grunewald bei Berlin.

Weiter theilen sich die Einwurf-Apparate in solche, bei denen das Carbid in einem einzigen Behälter enthalten ist und portionsweise durch eine automatisch geöffnete Klappe oder Ventil ins

Wasser fällt, und die Revolver-Apparate, bei welchen der Carbidbehälter aus vielen kleinen Carbidkammern (z. B. in Form einer rotirenden Scheibe) besteht, welche eine nach der anderen ihren Inhalt, bei Bedarf an Gas, ins Wasser fallen lassen.

Da sich die automatische Zuführung des Carbids ins Wasser naturgemäss um so leichter bewerkstelligen lässt, je kleiner die Carbidstücke sind, so wird auch Carbid gepulvert; wegen der hygroskopischen Natur des Carbids und der schwierigen Zerkleinerung dürfte das Verfahren in der Praxis schwer Eingang finden.

Wenn grosse Carbidstücke verwendet werden, ist bei den Einwurf-Apparaten darauf zu achten, dass auch die Zuführung des Carbids ins Wasser durch den Mechanismus rechtzeitig und sicher unterbrochen wird.

Mit dem Einwurf-Apparate ist der Vortheil verbunden, dass das aus der Tiefe des Entwicklungswassers aufsteigende Acetylen durch dasselbe von vornherein zum Theil von Ammoniak und Schwefelwasserstoff befreit wird.

Von allen beschriebenen Systemen sind schon Gaserzeuger zur Zufriedenheit der Besitzer in Gebrauch.

Es wird behauptet, dass bei sorgfältiger **Reinigung** des Acetylens der Uebelstand des leichten Russens der Brenner vollkommen vermieden werden kann.

Die Verunreinigungen des Acetylens rühren von den Unreinheiten des Calciumcarbids her.

In mehreren Fällen betrugen die Unreinigkeiten zusammen etwa 2 Volumprocente und bestanden aus Ammoniak, Phosphorwasserstoff, Schwefelwasserstoff, Schwefelammonium und schwefliger Säure.

Auf die einfachste Weise erhält man reines Gas, indem man möglichst reines Calciumcarbid benutzt, welches aus möglichst reinem Rohmaterial hergestellt ist; dies ist jedoch praktisch nicht möglich.

In der Regel wird man nicht umhin können, auf eine Reinigung Bedacht zu nehmen, welche auf dem Wege des Gases vom Gaserzeuger nach dem Gasbehälter stattzufinden hat.

Zur Erreichung dieses Zweckes zwingt man das unreine Gas, entweder geeignete trockene, poröse Substanzen zu durchziehen, oder über feuchte Chemikalien zu streichen, oder endlich seinen Weg durch Metalllösungen zu nehmen.

Zuerst muss dem Gase das Ammoniak entzogen werden, was man z. B. durch Waschen mit Schwefelsäure erreichen kann. Hierauf kann der Wäscher zur Entfernung des Phosphorwasserstoffes folgen. Als Waschflüssigkeiten sind Kupfersulfat, saure Kupferchloridlösung, koncentrirte Salpetersäure vorgeschlagen worden, auch Chlorkalk in fast trockener Form.

Der Phosphorwasserstoff muss schon seines muffigen Geruches wegen entfernt werden, auch steht er vornehmlich im Verdacht, das Russen der Brenner veranlasst zu haben.

Bei grösseren Anlagen wird man auch den **Schwefelwasserstoff** und die **schweflige Säure** durch bewährte Mittel, Kalk und pulverisirtes Raseneisensteinerz, entfernen. Dem **Wasserdampf** muss man Gelegenheit geben sich zu kondensiren, oder das Gas durch bekannte Mittel trocknen.

Selbstentzündungen verunreinigender Bestandtheile können, wenn die Gaserzeugung in normalem Gange und sich nur Acetylen in den Apparaten und Rohrleitungen befindet, wie wir später nachweisen werden, bei diesen unter schwachem Druck stehenden Anlagen keinen Schaden anrichten. Man hat nur dafür zu sorgen, dass beim Inbetriebsetzen eines Gaserzeugers nicht zu viel Luft eindringt.

Die *Gasbehälter* haben häufig Salzwasser als Abschlusswasser, weil Wasser das Acetylen absorbirt und im Winter einfriert; immerhin wird auch vielfach Wasser verwendet.

Kleine Apparate haben oft nur einen unveränderlichen Gasbehälter.

Druckverhältnisse: Die Gasapparate müssen alle so wirken, dass das erzeugte Gas bei den Brennern für Beleuchtungszwecke noch immer mit einem Druck anlangt, welcher im Stande ist, einer Wassersäule von mindestens 50 mm Höhe das Gleichgewicht zu halten; der Druck an den Brennern darf aber auch etwa 200 mm ($^1/_{50}$ Atm.) nicht überschreiten. Diese Drucke sind dem jetzigen Stand der Brennerfrage entsprechend; doch muss gleich hierbei bemerkt werden, dass für jeden Brenner nur ein ganz bestimmter Druck der beste ist.

Der in den Acetylengasleitungen verwendete Druck ist grösser als bei Leuchtgas und Fettgas, bei welchen ein Druck von etwa 25 mm in der Privatleitung hinter der Gasuhr genügt, während für Acetylen an dieser Stelle mindestens 50 mm oder mehr Druck vorhanden sein muss.

Acetylenapparat für Eisenbahnbeleuchtung.

Hier sind namentlich die Apparate der preussischen Eisenbahnen zu erwähnen, bei welchen eine Mischung von Acetylen und Fettgas verwendet wird.

Die benutzten Gaserzeuger sind Einwurfapparate mit niedrigem Druck, lediglich durch Handhabung bedient. Das getrocknete und gereinigte Acetylen wird mit dem Fettgas in dem gewünschten Verhältniss gemischt und hierauf nach einer Presspumpe geleitet, welche es in einem Recipienten auf etwa 10 Atm. verdichtet. Von hier aus wird es nach Bedarf in die kleinen cylindrischen Behälter, welche unter den Eisenbahnwagen angebracht sind, übergefüllt. Die Pressung in denselben beträgt nach frischer Füllung etwa 8 Atm. Ueberdruck. Zur Reducirung und Regulirung des stetig abnehmenden Druckes in den Behältern wird in die Rohrleitung (vor der Lampe) ein empfindlicher Membran-Druckregeler eingeschaltet.

Tragbare Acetylenlampen.

Solcher Lampen sind eine grosse Anzahl erdacht und ausgeführt worden, sie fanden aber bisher beim Publikum der ihnen anhaftenden Mängel halber, weniger Anklang.

Falls man nämlich nicht auf ein Ausdrehen der Lampe verzichtet, d. h. sich damit zufrieden giebt, dass die Lampe so lange brennt, bis das Carbid verzehrt ist, muss ein Gassammelraum von solcher Grösse in dem Apparat enthalten sein, dass derselbe die unvermeidliche Nachentwicklung ohne unzulässige Drucksteigerung aufzunehmen im Stande ist; dann bekommt aber die Lampe eine ungewohnte unförmliche Grösse. Auch die Reinigung des Gases lässt sich schwer unterbringen.

Brenner.

Es wird noch jetzt mehrfach darüber geklagt, dass die zur leuchtenden Verbrennung benutzten Acetylenbrenner, wenn sie einige Zeit benutzt worden sind, zur Verstopfung und zum Russen neigen. Wir kennen eine grössere, fast seit Jahresfrist bestehende Anlage von 200 Flammen, bei welcher (bei Benutzung von Acetylen-Zweilochbrennern) dieser Uebelstand lediglich durch **regelmässige Reinigung der Brenner** verhütet wird.

Das Russen und Verstopfen der Brenner kann aus zwei Ursachen entspringen:
1) dass sich bei unvollkommener Verbrennung unverbrannter Kohlenstoff (Russ) ausscheidet, und am oder im Brenner ablagert;
2) dass sich das Acetylen bei starker lokaler Erwärmung zum Theil in andere flüssige oder schmierige Kohlenwasserstoffe umwandelt.

Man hat nicht ohne Erfolg versucht, sowohl eine vollkommene Verbrennung in der leuchtenden Flamme herbeizuführen, als auch die lokale Erwärmung des Acetylens in der Brennermündung und damit die Abscheidung schmieriger Bestandtheile zu vermeiden.

Das Acetylen ist ein stark kohlenstoffhaltiges Gas, und es muss dafür gesorgt werden, dass genug Luft mit den vielen Kohlentheilchen des Acetylens in Berührung kommt, damit jedes Theilchen auch die zu seiner Verbrennung (in der Flamme) nöthige Luft erhält.

Ein stark kohlenstoffhaltiges Gas, das Fettgas, wird schon lange zur Beleuchtung z. B. der Eisenbahnwagen benutzt und dort hatten sich namentlich die Einloch- und Zweilochbrenner aus Speckstein mit sehr enger Bohrung (Bruchtheil eines mm) gut bewährt. Es lag daher nahe, dass diese Brenner auch für das Acetylen anzuwenden seien, und es ist dies mit Erfolg geschehen.

Die enge Bohrung bewirkt, dass das Gas in sehr feinem Strahl oder sehr dünner Schicht austritt, so dass das entweichende Gas der Luft eine verhältnissmässig grosse Berührungsfläche darbietet, auch die Luft weit genug ins Innere der Flamme eindringen kann.

Man kann auch alle Leuchtgasbrenner in Acetylenbrenner umwandeln, indem man die engen Gasaustrittsöffnungen noch verengert. Insbesondere ist der sogenannte Manchesterbrenner für Acetylengas in dieser Art und Weise benutzt worden. Bei diesem entströmt das Gas ebenso wie bei den Zweilochbrennern aus zwei Bohrungen, welche etwa unter einem rechten Winkel gegeneinander geneigt sind; die beide Gasströme treffen und vereinigen sich zu einer vertikalen, flachen Flamme, sowie dieselbe aus den gewöhnlichen Schnittbrennern brennt. Der principielle Unterschied in der Wirkungsweise des Manchester- und Schnittbrenners ist der, dass bei ersterem das verbrennende Gas von seinem Austritt aus der Brenneröffnung ab mit mehr Luft in Berührung kommt.

Auch andere Brennerformen sind in Anwendung, welche dem Acetylen, nachdem es die Brennermündung verlassen hat, eine erhöhte Luftzuführung schaffen. Um mit grösserer Sicherheit die zur Verbrennung nöthige Luft der Flamme zuzuführen und weil mit der Kleinheit der Austrittsöffnung Uebelstände verknüpft sind, so mischt man dem Gas nach dem Princip des Bunsenbrenners schon vor der Verbrennung einen Theil Luft bei und zwar in dem Brennerkopf selbst, indem man den Gasdurchgangskanal durch seitliche, abwärts gerichtete Bohrungen mit der Aussenluft verbindet. Das hindurchströmende Acetylen saugt dann durch diese Seitenkanäle Luft an und vermischt sich mit derselben. Naturgemäss brauchen diese Brenner, damit sie Luft ansaugend wirken und an der Brenneröffnung noch ein genügender Druck vorhanden ist, einen höheren Leitungsdruck. Falls der Druck zu niedrig ist, tritt Russen ein.

Es soll in Wien bei Beleuchtung des Franzensplatzes bei Anwendung derartiger Brenner bis 200 mm Druck gegeben werden.

Mit diesen Brennern ist noch der Vortheil verbunden, dass die Bohrung für den Austritt des mit Luft vermischten Acetylens nicht mehr so eng zu sein braucht und etwa 1 mm beträgt.

Um die bei Erwärmung des Acetylens in den Brennerköpfen stattfindende Bildung schmieriger Kohlenwasserstoffe zu vermeiden, hat man Einrichtungen angebracht, um die Wärme der verbrennenden Flamme nicht an die Brennerköpfe herantreten zu lassen, sondern dieselbe vorher abzuleiten. Die Einrichtung beruht auf einer für den Gasdurchgang durchbohrten Kappe oder Platte aus Metall, welche an oder über dem Brennerkopf befestigt ist. Es wird mit dieser Anordnung beabsichtigt, dass sich die Flamme erst über der durchbohrten Kappe oder Platte entzündet.

Es ist nach dem Vorhergesagten wohl ohne Weiteres erklärlich, dass Acetylenbrenner mit vorgewärmter Luft in kurzer Zeit verrussen.

Das Kühlhalten des Acetylens in der Brennermündung suchen Andere dadurch zu erreichen, dass sie den Brennerkopf verhältnissmässig gross machen. Wenn sich die dem Brennerkopf zugeführte Wärme auf eine grössere Masse vertheilen kann, wird die Temperatur sich nicht so sehr erhöhen.

Ein anderer Brenner besteht aus mehreren oder einem ganzen System dünner Röhrchen, welche von einer gemeinsamen Gaskammer ausgehen. Die vielen kleinen Flämmchen, welche aus den einzelnen kleinen Röhrchen brennen, bilden in ihrer Gesammtheit eine Flamme.

Mit einer kleinen Abänderung kann auch der Bunsenbrenner für Acetylen verwendet werden, und es ist auch wohl möglich, das Acetylen zum Kochen und Heizen zu verwenden, namentlich aber zu Operationen in Laboratorien und Werkstätten; der Heizeffekt der Flamme ist so gross, dass man kleine Schmelzungen ohne Löthrohr vornehmen kann.

Natürlich kann man auch auf die nicht leuchtende Acetylenflamme einen Glühstrumpf setzen; indessen gelangt man wohl mit der Acetylenflamme ohne Strumpf ebenso gut und einfacher zum Ziel, da die Strümpfe immerhin eine lästige Beigabe sind und vielleicht der grossen Hitze der entleuchteten Acetylenflamme nicht lange Stand halten.

Da das Russen der Brenner als Haupteinwand gegen die Einführung der Acetylenbeleuchtung geltend gemacht wurde, muss daher wiederholt hervorgehoben werden, dass dieser Uebelstand schon bei regelmässiger Reinigung der Brenner nicht eintritt, bei richtiger Wahl der Brenner, guter Reinigung des Gases und einem genügend hohen und gleichmässigen Druck aber vollkommen vermieden wird.

Die Gefährlichkeit des Acetylens.

Das Acetylen kann gefährlich werden dadurch, dass es, wie jedes brennbare Gas, unter gewissen Umständen explosibel ist und eine gewisse Giftigkeit besitzt.

Explosibilität. Zu der Diskreditirung des Acetylens wegen seiner Explosibilität hat vielleicht der Umstand beigetragen, dass in den bezüglichen Veröffentlichungen zwar die Bedingungen, unter denen das Acetylen explodirt, ausführlich diskutirt, die Bedingungen aber, unter denen das Acetylen nicht explodirt, nicht mit dem nöthigen Nachdruck besprochen wurden. Wenn ein Leser, der sich mit dem Gegenstand nicht eingehend beschäftigen kann, eine experimentelle Arbeit liest, in welcher über viele künstlich herbeigeführte Explosionen berichtet wird, so überkommt ihn ein ängstliches Gefühl, auch wenn aus jener Arbeit mit Sicherheit die Bedingungen sich ergeben, unter welchen das Acetylen nicht explodirt.

Das Verhalten des Acetylens in Bezug auf das Explodiren ist unter verschiedenen Bedingungen ganz verschieden. Die Neigung zur Explosion richtet sich nach dem Druck, unter welchem das Acetylengas steht, und seiner Temperatur, ferner danach, ob es mit anderen Gasen gemischt ist und mit welchen, und endlich, durch welchen Vorgang die Explosion eingeleitet oder ausgelöst wird.

Wir charakterisiren im Folgenden dieses Verhalten des Acetylens durch eine Reihe von Sätzen, welche genügen, um bei den in Wirklichkeit vorkommenden Fällen zu entscheiden, ob eine Explosion erfolgen kann oder nicht.

1. **Acetylengas, unter 2 Atmosphären absolutem Druck oder 1 Atm. Ueberdruck, wird durch Kontakt mit einem glühenden Körper oder Explosion eines Zündhütchens nicht zur Explosion gebracht;** in der Umgebung des glühenden explodirenden Körpers erfolgt Zersetzung des Acetylens, dieselbe pflanzt sich indessen nicht fort.
2. **Acetylengas von über 2 Atm. absolutem Druck explodirt im Kontakt mit einem glühenden Körper oder durch ein explodirendes Zündhütchen.**
3. **Acetylengas explodirt bei jedem Druck, wenn seine Temperatur auf 780° Celsius gebracht wird.**
4. **Acetylengas, welches in einem Gefäss komprimirt ist, explodirt nicht durch Stösse von beliebiger Kraft,** welche gegen das Gefäss gerichtet werden.
5. **Flüssiges Acetylen ist ein höchst gefährlicher Explosionsstoff.**
6. **Mischungen von Acetylengas mit Luft von 2,7 bis 65% Acetylen explodiren in Berührung mit einer Flamme** oder bei Steigerung der Temperatur auf 480° Celsius.
7. **Komprimirte Mischungen von Acetylengas mit Fettgas explodiren erst bei viel höheren Temperaturen als Acetylengas allein.**

Wenn das Acetylen ohne Beimischung von Luft explodirt, so besteht die Explosion in einer inneren Zersetzung dieses Gases, bei welcher Kohle als Staub abgeschieden wird und die nicht abgeschiedene Kohle mit dem Wasserstoff eine andere Verbindung eingeht.

Im Vergleich mit Leuchtgas besitzt also das Acetylen bei höherer Temperatur und höherem Druck eine Explosionsursache, welche dem Leuchtgas nicht innewohnt.

Betrachten wir nun, auf Grund vorstehender Sätze, die Möglichkeiten, unter welchen bei den heutzutage angewendeten Acetylenapparaten eine Explosion erfolgen könnte.

Bei den modernen Anwendungen steht das Acetylen entweder unter einem Druck von höchstens $1/_{50}$ Atm. (abs.) oder unter einem solchen von 6—10 Atm. Der erstere Fall betrifft die bereits vielfach im Gebrauch befindlichen stationären Acetylenapparate, der letztere die Eisenbahnbeleuchtung; welcher Druck bei den transportabelen Acetylenlampen, an deren Konstruktion vielfach gearbeitet wird, zur Anwendung kommt, ist noch unbestimmt.

Eine unter schwachem Druck stehende, stationäre Acetylenanlage besteht aus dem Gaserzeuger, dem Gasbehälter, den Reinigern, den Leitungsrohren mit Zubehör und den Brennern. Der ganze Apparat hat die grösste Aehnlichkeit mit einer Leuchtgasanlage; nur tritt der Entwickeler an die Stelle der Ofenanlage.

Sowohl der Gaserzeuger, als der Gasbehälter sind mit Acetylengas gefüllt; es fragt sich also, unter welchen Bedingungen dieselben explodiren können.

Nach den oben mitgetheilten Sätzen muss vor Allem vermieden werden, dass in diesen Gefässen der Druck sich auf 2 Atm. und darüber steigern kann, weil alsdann die Explosionsgefahr viel grösser ist. Dies kann aber leicht und sicher erreicht werden, wenn das Gas im Entwickeler und im Gasbehälter durch Wasser abgeschlossen wird, wie dies bei fast allen stationären Acetylenapparaten geschieht; eine bedeutende Drucksteigerung ist alsdann ebenso wenig möglich wie bei einer Leuchtgasanlage.

Dasselbe Mittel genügt aber auch, um bei einer Feuersbrunst die Explosion durch Steigerung der Temperatur bis 780° C. zu verhüten. Wenn der Acetylenapparat von Flammen umgeben ist und seine Eisentheile sich stark erwärmen, dehnt sich das eingeschlossene Gas stark aus, bricht durch das abschliessende Wasser Bahn ins Freie und verbrennt, ohne zu explodiren.

Dem Acetylen unter schwachem Druck kommt ferner seine Eigenschaft zu Gute, dass, wenn an einer Stelle des von Acetylen erfüllten Raumes aus irgend einem Grunde das Gas verbrennt oder sich zersetzt, diese Umwandlung sich **nicht fortpflanzt**. Die Brenner einer Acetylenanlage sind enge Mündungen des gaserfüllten Raumes, an welchen das Gas nach aussen brennt; die Flammen schlagen wegen der Enge der Mündungen nie nach innen, auch wenn erhebliche Luftmengen dem Acetylen beigemischt sind.

Aus Satz 6 geht hervor, dass, wenn das Acetylen aus einem unverschlossenen Brenner ins Zimmer entweicht, die Zimmerluft explodiren kann, wenn die Acetylenmenge ca. 3 % der Zimmerluft oder mehr beträgt. Tritt also Jemand mit Licht in einen solchen Raum, so erfolgt Explosion. Ganz dasselbe ist aber bekanntlich bei Leuchtgas der Fall, und solche Leuchtgasexplosionen kehren immer wieder, obschon es kaum Menschen giebt, die mit Leuchtgas umgehen, ohne diese Gefahr zu kennen. Es denkt nicht einmal die Polizei daran, das Leuchtgas wegen dieses Umstandes zu verbieten; also kann man wohl verlangen, dass auch bei Acetylen das Publikum dieses Umstandes eingedenk sei und durch Schliessen der Hähne diese Gefahr ausschliesst.

Diese Art von Explosionen tritt allerdings bei Acetylen bei geringerem Gasgehalt ein, als bei Leuchtgas; denn das letztere wird, im Gemenge mit Luft, erst explosibel, wenn wenigstens ca. 8 % Leuchtgas in dem Gemenge enthalten sind. Andererseits zeigt aber ausströmendes Acetylen seine Gegenwart durch den ihm eigenthümlichen, muffigen Geruch rascher an und macht sich dem Eintretenden sofort bemerklich; ferner strömt durch die engeren Acetylenbrenner in derselben Zeit weniger Gas aus, als durch Leuchtgasbrenner. Indessen ergiebt sich hieraus die Vorschrift, dass man, wenn bei einer Acetylenanlage eine Stelle undicht geworden ist, die Rohre nicht mit einer Flamme ableuchtet, wie es bei Leuchtgas trotz aller Verbote oft hier und da geschieht, sondern die verdächtigen Stellen mit Seifenwasser abpinselt; dort, wo sich auffällige Blasen zeigen, ist die undichte Stelle; diese Blasenbildung tritt des höheren Druckes wegen bei Acetylen leichter ein als bei Leuchtgas.

Auf jeden Fall sollte man bei der Suche nach undichten Stellen stets durch Oeffnen der Fenster für Luftwechsel sorgen.

Wir sehen also, dass bei den stationären, unter schwachem Druck stehenden Acetylenanlagen diejenigen Explosionen, deren Möglichkeit dem Acetylen eigenthümlich sind, infolge passender

Konstruktion der Apparate wegfallen, und dass diejenige Gefahr, welche dem Acetylen und dem Leuchtgas gemeinsam ist, durch geringe Vorsicht des Publikums vermieden werden kann.

Es darf nicht unerwähnt bleiben, dass bei allen Acetylengaserzeugern erhebliche Wärmemengen auftreten. Bei den sogenannten Einwurfapparaten vertheilt sich die durch den chemischen Process der Bildung von Acetylen entwickelte Wärme in dem Wasser des Apparates, erzeugt also keine bedeutende Temperaturerhöhung. Wenn aber im Tauchapparat das Carbid aus dem Wasser herausgehoben wird oder in dem sogenannten Tropfapparat Wasser tropfenweise auf trockenes Carbid fällt, ist eine Kühlung, wie in dem obigen Fall, nicht vorhanden. In diesen letzteren Vorgängen wird aber, wie Versuche zeigen, keine höhere Temperatur erzeugt als etwa 150^0 Celsius; es kann also von einer Explosion nicht die Rede sein, da eine solche erst bei 780^0 Celsius eintreten würde.

Schwieriger gestaltet sich der Fall der unter **starkem Druck** stehenden Acetylenapparate, wie solche namentlich bei **Eisenbahnbeleuchtung** angewendet werden müssen. In Eisenbahnzügen Apparate mit Wasserverschluss und schwachem Druck mitzuführen, geht nicht an, theils wegen der starken Erschütterungen, theils wegen Raummangels; das zum Leuchten verwendete Gas muss in eisernen Flaschen komprimirt sein, und zwischen dem Gasbehälter und den Brennern sind Reduktionsventile einzuschalten, welche bewirken, dass der Gasdruck im Brenner nur ein geringer bleibt, wie er für den Brenner sich eignet.

Verwendet man hierfür reines Acetylen, so kann allerdings keine Explosion auftreten, solange die Temperatur nirgends Rothgluth erreicht; auch bei einem Zusammenstoss oder einer Entgleisung würde das Zertrümmern der Acetylenbehälter keine Explosion zur Folge haben. Allein wenn ein Wagen in Brand geräth und eine Stelle des Gasbehälters rothglühend wird, würde Explosion erfolgen.

Um auch diesen Fall unmöglich zu machen, beginnt man auf den preussischen Eisenbahnen **Mischungen von Acetylen mit Fettgas** einzuführen, und zwar im Verhältniss von 1 : 3. Solche Mischungen verhalten sich in Bezug auf Explosibilität beinahe wie Leuchtgas und Fettgas und explodiren auch in hellglühenden Apparaten nicht. Es ist also auch hier jede Gefahr ausgeschlossen.

Für denselben Zweck hatte man vorgeschlagen, Lösungen des Acetylens in Aceton zu verwenden; das Aceton ist eine Flüssigkeit, welche bei verhältnissmässig geringen Drucken grosse Mengen Acetylen absorbirt; man könnte also das Acetylen als eine flüssige Lösung in derselben Menge wie als komprimirtes Gas, aber unter geringerem Druck, in eisernen Flaschen aufbewahren.

Eingehende Versuche haben indessen ergeben, dass zwar die Lösung des Acetylens in Aceton kaum explosibel ist, wohl aber das über der Lösung stehende komprimirte Acetylengas.

Die Ausführung dieses aussichtsvollen Vorschlages bei der Acetylenbeleuchtung von Eisenbahnen scheint in Folge dessen aufgegeben zu sein.

Es bleibt noch übrig, die Gefährlichkeit des flüssigen Acetylens zu besprechen. Hier müssen wir uns leider sehr kurz fassen und über die praktische technische Anwendung des flüssigen Acetylens entschieden den Stab brechen. Das flüssige Acetylen ist ein Explosivkörper von furchtbarer Kraft, der mit Dynamit, Schiessbaumwolle, Nitroglycerin etc. in dieselbe Reihe gestellt zu werden verdient.

Freilich kann nicht geleugnet werden, dass der Mensch schliesslich mit jedem Explosivstoff umzugehen lernt; schon im Mittelalter lernte man das Schiesspulver gebrauchen, und heutzutage wenden wir in Bergwerken und bei Tunnelarbeiten die furchtbarsten Explosivstoffe regelmässig an. Es ist daher wohl möglich, dass, wenn das flüssige Acetylen zu irgend einem technischen Zweck besondere Vortheile darbietet, der Techniker, furchtlos wie er ist, die Handhabung auch dieses Stoffes so lange studirt, bis er denselben gebändigt hat und in den täglichen Gebrauch einführen kann.

Bei der heutigen Sachlage dagegen muss das flüssige Acetylen als Explosionsstoff betrachtet, das Publikum vor demselben entschieden gewarnt werden, und die Folgen seiner Anwendung fallen demjenigen zur Last, der dieselbe unternimmt.

Giftigkeit. Hatte das Leuchtgas bei der Betrachtung der Explosibilität einen Vorsprung vor dem Acetylen, so zeigt das letztere umgekehrt eine nicht unerhebliche Ueberlegenheit vor dem ersteren in Bezug auf Giftigkeit.

Wie eingehende Untersuchungen der Einwirkung auf das Blut und das Befinden von Thieren erwiesen haben, kann Acetylengas bei dauerndem Einathmen den Tod herbeiführen, ebenso wie Leuchtgas und Kohlenoxyd; allein es ist erheblich weniger wirksam als Leuchtgas und viel weniger als Kohlenoxyd. Ausserdem besitzt es vor diesen beiden Gasen den Vorzug, dass seine Gegenwart sich durch den Geruch viel rascher anzeigt. An Leuchtgas und Kohlenoxyd sind wir aber gewöhnt; die Giftigkeit wird also der Einführung des Acetylens nicht entgegentreten.

Wichtiger sind die Wirkungen der Acetylenflamme in Bezug auf **Erwärmung und Verunreinigung der Luft**; auch hier stellen sich Vorzüge des Acetylens gegenüber dem Leuchtgas heraus.

Die Verbrennungsprodukte sind bei Acetylen, wie bei Leuchtgas, Kohlensäure und Wasser; allein eine Acetylenflamme braucht nur etwa die Hälfte der Luft bei der Verbrennung, als eine Leuchtgasflamme von gleicher Leuchtkraft. Die Menge der verbrauchten Luft ist aber ein Maass sowohl für die Wärme, welche die Flamme ausstrahlt, als für die Menge der Verbrennungsprodukte, also auch für die Verschlechterung der Luft. In beiden Beziehungen übertrifft also das Acetylen das Leuchtgas.

Einwirkung auf Kupfer. Acetylen bildet mit Kupfer eine explosible Verbindung; es darf deshalb zu den Rohrleitungen kein Kupfer verwendet werden; Messing dagegen ist, obschon es Kupfer enthält, bei Acetylenanlagen von schwachem Druck völlig ungefährlich.

Für die Rohrleitungen hat also der ausführende Techniker bei den gewöhnlichen Anlagen die Wahl zwischen Messing und Eisen.

Die Polizeiverordnungen. Die drakonischen Vorschriften, welche die Polizeibehörden an vielen Orten vor einigen Jahren unter dem Eindruck der Explosionen des flüssigen Acetylens erlassen hatten, und welche die Acetylenindustrie in Fesseln schlugen, sind in neuerer Zeit durch liberalere ersetzt.

In Deutschland scheint in dieser Beziehung das preussische Ministerium am weitesten vorgegangen zu sein; die Bestimmungen der neuen preussischen Polizeiverordnung sind im Wesentlichen folgende:

Für nicht fabrikmässige Acetylenanlagen (z. B. die stationären Beleuchtungsanlagen) wird nur verlangt, dass in den Acetylenbehältern kein höherer Ueberdruck herrsche, und dass die Gasometer nicht in bewohnten Räumen oder Kellern aufgestellt werden, sondern in Räumen, welche durch eine Brandmauer von Wohnräumen getrennt sind, die Gasentwickler nur unter leichter

Bedachung. Carbid darf, unter 10 Kilo, nur in wasserdicht verschlossenen Gefässen und in trockenen, hellen, gut gelüfteten Räumen, nicht in Kellern, aufbewahrt werden.

Komprimirtes Acetylengas ist in Flaschen aufzubewahren, die auf das Doppelte des höchsten zulässigen Druckes geprüft sind.

Das flüssige Acetylen ist in eisernen Flaschen zu halten, die auf 250 Atmosphären Druck geprüft sind und bei deren Füllung das Verhältniss von 1 kg Acetylen auf 3 Liter Rauminhalt nicht überschritten ist.

Die Metalltheile, mit denen Acetylen in Berührung kommt, dürfen im Fall von schwachem Druck nicht aus Kupfer, bei verdichtetem oder flüssigem Acetylen nicht aus Kupfer oder Kupferlegirungen bestehen.

Die einzigen dieser Bestimmungen, welche zu scharf und der Ausbreitung der Acetylenbeleuchtung hemmend erscheinen, sind diejenigen, welche die Aufstellung der Gaserzeuger und Gasbehälter betreffen.

Hoffen wir, dass auch diese Bestimmungen mit der Zeit sich mildern und dass in den anderen deutschen Ländern das bei der Anwendung des Acetylens Verbotene auf ein ähnliches Maass zurückgeführt wird, wie bei der preussischen Verordnung.

Im Allgemeinen möchten wir daran erinnern, dass z. B. weder die Eisenbahn wegen der Eisenbahnunfälle, noch das Halten von Pferden wegen der Unfälle mit Pferden, noch das Leuchtgas wegen der Gasexplosionen verboten ist; es wäre unbillig, das Acetylen wegen der durch Nachlässigkeit verursachten Explosionen strenger zu behandeln.

Vergleich der Acetylenbeleuchtung mit den übrigen Beleuchtungsarten.

Im Nachstehenden versuchen wir, die jetzt in Gebrauch befindlichen oder in Gebrauch tretenden Lichtquellen untereinander zu vergleichen und die Stellung zu präcisiren, welche das Acetylenlicht unter denselben einnimmt.

Eine solche Vergleichung liefert ganz verschiedene Resultate je nach dem Gesichtspunkt, unter welchem die Vergleichung erfolgt; es muss daher jeder Gesichtspunkt besonders behandelt

Vergleich d. Acetylenbeleuchtung mit den übrigen Beleuchtungsarten. 35

werden. Hieraus ergiebt sich alsdann, für welche Fälle der Beleuchtung sich das Acetylenlicht besonders eignet.

Wir behandeln die folgenden Gesichtspunkte: Farbe, Lichtstärke, Lichtkosten, Grösse der Anlagen zur Erzeugung des Lichts, Konstruktion der Lampen. Von Lichtquellen betrachten wir nach neueren Forschungen die elektrischen Lichte, die nicht elektrischen Glühlichte, die Gaslichte, Acetylen, Petroleum.

Farbe. Der Farbe nach gruppiren sich die Lichtquellen in beinahe weisse und in röthlich oder gelblich weisse. Beinahe weiss sind: das elektrische Bogenlicht, die Glühlichte aus Leuchtgas, Spiritus, Petroleum und Acetylen; röthlich oder gelblich weiss sind die gewöhnlichen Gasflammen, das elektrische Glühlicht, das Petroleumlicht.

Obschon die Farbe der röthlichen oder gelblichen Flammen erheblich von unserer idealen Farbe, dem Weiss des Sonnenlichts, abweicht, ist dieselbe für unseren Geschmack nicht so unangenehm, wie man glauben könnte, weil namentlich Roth diejenige Farbe ist, welche Gesichter jünger und die meisten Farbentöne wärmer erscheinen lässt. Gäbe es in unserem Gebrauch Flammen, die in demselben Maasse blau oder grün wären, wie jene roth oder gelb, so würden wir dieselben unausstehlich finden.

Dieselben Rücksichten treten aber bei unserer Beurtheilung der beinahe weissen Lichte auf; es scheint sogar, dass wir, je weisser ein Licht ist, um so mehr Empfindlichkeit für seine Nüance zeigen. Obschon z. B. die Farbe des ersten Gasglühlichtes dem Weiss nahe kam, fühlte doch jedermann die Unannehmlichkeit, welche der demselben eigenthümliche grünliche Ton verursachte. Am deutlichsten zeigen sich diese Unterschiede, wenn es gilt, Gemälde Abends künstlich zu beleuchten.

Hier ist es, wo das Acetylenlicht sich vielleicht allen anderen Lichtquellen überlegen zeigt, indem es die Farbe beinahe ebenso wiedergiebt wie das Sonnenlicht.

Das neuere Gasglühlicht z. B. hat erheblich reineres Weiss als das ältere grünliche; hält man aber die Hand zwischen eine Gasglühlicht- und eine Acetylenflamme, so erscheint die von der ersteren beleuchtete Handfläche gelblich, die andere Fläche dagegen natürlich; ebenso beim menschlichen Antlitz. Die einzige Lichtquelle, welche in dieser Beziehung mit dem Acetylenlicht sich messen kann, ist wohl das elektrische Bogenlicht; das letztere besitzt jedoch einen bläulichen Ton, während beim Acetylen eine Färbung sich kaum angeben lässt.

Lichtstärke. Einer jeden Lichtart ist ein gewisser Spielraum der Lichtstärke eigenthümlich, d. h. vermöge der Eigenthümlichkeiten der betreffenden Lichtquelle muss die Lichtstärke des betreffenden Einzellichtes zwischen gewissen Grenzen liegen. Hierdurch ist die Anwendung der betreffenden Lichtquelle wesentlich beschränkt; namentlich eignen sich diejenigen, deren kleinste Flammen für die Zimmerbeleuchtung zu stark sind, nicht zur allgemeinen Einführung, während für Beleuchtung von grösseren Räumen naturgemäss diejenigen Lichtquellen bevorzugt werden, bei denen bereits das Einzellicht besonders kräftig ist.

Die Tabelle S. 37 enthält die ungefähren Grenzen für die oben angeführten Lichtquellen.

Das elektrische Bogenlicht liefert weitaus die stärksten Lichte; ihm zunächst tritt das Pressgas mit doppeltem Glühstrumpf; vom Petroleumglühlicht bis zum elektrischen Glühlicht bildet sich eine Gruppe der kleineren Lichte, welche sich namentlich für Zimmerbeleuchtung eignen. Das Acetylen nimmt zwischen der ersteren und letzteren Gruppe eine Mittelstellung ein, indem seine stärksten Flammen diejenigen der Glühlichte übertreffen, während seine kleinsten Flammen in die Gruppe der „Hauslichte" fallen.

Die kleinsten Flammen werden durch Acetylen und Fettgas, Leuchtgasschnittbrenner und Petroleum erzeugt.

Man ersieht hieraus, dass Acetylen einerseits für Beleuchtung grösserer Räume, Strassen, Höfe, Säle etc., andererseits aber auch für die schwächste Zimmerbeleuchtung verwendet werden kann.

Lichtkosten. Um verschiedene Lichtquellen in Bezug auf ihre Kosten zu vergleichen, müssen wir nicht nur die Kosten der Lichte pro Kerze, sondern auch pro Flamme zusammenstellen; denn die Flamme ist dasjenige, was der Konsument als Ganzes kauft. Auch ist es eine bei der modernen Entwickelung der Beleuchtung oft beobachtete Thatsache, dass der Konsument nicht nur nach der Verbilligung der einzelnen Flamme, sondern auch nach Vergrösserung ihrer Lichtstärke verlangt. Es müssen daher auch die Flammen oder Einzellichte untereinander verglichen werden.

Als Grundpreise nehmen wir an:

1 cbm Leuchtgas . . . . M. 0,16
1 Liter Petroleum . . . . - 0,20

Vergleich d. Acetylenbeleuchtung mit den übrigen Beleuchtungsarten.

1 Liter Spiritus	M. 0,35
1 Kilo Karbid (300 Liter Ac.)	- 0,40
1 cbm Acetylen	- 1,33
1 cbm Acetylen-Fettgas (1 : 3)	- 0,55
1 cbm komprimirtes Fettgas	- 0,40
1 cbm komprimirtes Acetylen-Fettgas (1 : 3)	- 0,80
1 Kilowattstunde	- 0,60
1 cbm Fettgas	- 0,28
1 cbm Wasser	- 0,16

Dann ordnen sich die Lichtquellen nach aufsteigenden Kosten pro Flamme ungefähr, wie in der nebenstehenden Tabelle angegeben.

Lichtquelle	Lichtstärke der Brenner in Kerzen	Verbrauch pro Kerze u. Stunde in Liter	30 Kerzen kosten in der Brennstunde Pfennige	Eine Flamme kostet i. d. Brennstunde Pfennige
Petroleumglühlicht	40	0,00125	0,76	1,00
Gasglühlicht . . .	30 bis 60	2,00	0,96	0,96 bis 1,92
Spiritusglühlicht .	30	0,0019	1,20	1,20
Fettgasglühlicht .	60	1,00	0,75	1,50
Petroleum 14″ Brenner . .	30	0,00359	2,16	2,16
Acetylen-Fettgas im Verh. 25 : 75	6 bis 40	1,30	2,15	0,43 bis 2,86
Fettgas	6 bis 16	3,20	2,69	0,54 bis 1,43
Acetylen	6 bis 70	0,75	2,99	0,60 bis 6,98
Komprim. Acetylen-Fettgas (8 Atm.) im Verh. 25 : 75 .	6 bis 40	1,80	4,32	0,86 bis 5,76
Komprim. Fettgas (8 Atm.) . . .	6 bis 16	4,55	5,46	1,09 bis 2,91
Leuchtgas, Rundbrenner	15 bis 40	10,00	4,80	2,40 bis 6,40
Leuchtgas, Schnittbrenner	6 bis 30	11,50	5,52	1,10 bis 5,52
Elektr. Glühlicht .	16	3,1 Watt	5,63	3,00
Hydro-Pressgas . .	500	1,00 Gas 0,50 Wasser	0,72	12,00
Bogenlicht . . .	80 bis 800	1,1 Watt	2,18	5,28 bis 52,8

Kerzen sind Hefnerkerzen.

Die billigsten Flammen sind diejenigen der nicht elektrischen Glühlichte und des Petroleumlichtes, dann bilden das elektrische Glühlicht und Leuchtgas, Schnitt- und Rundbrenner, die nächst theuere, Hydropressgas und elektrisches Bogenlicht die theuerste Gruppe; das Acetylen reicht mit den kleinsten Flammen bis unter die billigsten Flammen hinab, mit den grösseren Flammen dagegen über die mittlere Gruppe hinaus.

Grösse der Anlagen zur Erzeugung des Leuchtstoffes. Für die Verbreitung einer Lichtquelle ist es sehr wichtig, wie gross wenigstens die Anlage zur Erzeugung des Lichts sein muss; je kleiner eine solche Anlage sein kann, um so leichter führt sich die betreffende Lichtquelle ein.

Zu dieser Vergleichung bedürfen wir keiner Zahlen. Es ist bekannt, dass Leuchtgas, Fettgas und elektrische Lichte im Allgemeinen grosse Anlagen verlangen, bei Spiritus und Petroleum dagegen die Grösse der „Anlage" bis auf ein einzelnes Licht ermässigt wird, da bei den letzteren die „Anlage" in einem den Leuchtstoff aufnehmenden Behälter besteht.

Auch hier nimmt das Acetylen eine Mittelstellung ein.

Ob beim Acetylen es möglich sein wird, tragbare Einzellichte zu konstruiren, wie beim Spiritus- und Petroleumlicht, lassen wir dahingestellt; es sind zwar bereits brauchbare Konstruktionen dieser Art entstanden, allein es erscheint zweifelhaft, ob dieselben die harte Probe der allgemeinen Einführung bestehen.

Wir wollen auch ferner nicht als sicher annehmen, dass das Acetylen sich für Erstellung von grossen Anlagen, wie das Leuchtgas, eignen wird, weil solche bisher nicht erbaut wurden.

Dagegen ist sichergestellt durch vielfache Anwendung, dass sicher arbeitende und leicht zu bedienende Acetylenanlagen von etwa 6—1000 Flammen sich herstellen lassen.

Man sieht hieraus, dass das Acetylen offenbar dazu bestimmt ist, das bisher fehlende Bindeglied zwischen den grossen Anlagen und den Einzelflammen zu bilden und die kleinen Gasanlagen, welche immer mehr verschwinden, zu ersetzen.

Einfachheit der Brennerkonstruktion. Ein wesentliches technisches Merkmal ist ferner die Einfachheit der Brennerkonstruktion; ist dieselbe komplizirt oder nicht einfach zu behandeln, so kann dadurch die Einführung einer Beleuchtungsart bedeutend gehindert werden, trotz anderweitiger guter Eigenschaften.

In dieser Hinsicht zerfallen obige Lichtquellen in folgende Gruppen.

Die einfachsten Brenner sind: der Gasschnittbrenner und der Acetylenbrenner (Schnitt oder Zweiloch). An denselben brennt die Flamme in freier Luft. Der Acetylenbrenner ist zwar etwas delikater in der Behandlung als der Gasschnittbrenner; die Acetylenflamme ist indessen der Gasflamme überlegen in Bezug auf die Steifheit gegenüber Luftzug; während die Flamme eines Gasschnittbrenners von einem kräftigen Wind ausgeblasen werden kann, ist dies bei der Flamme eines Acetylenbrenners unmöglich.

Die nächste Gruppe, bei der die Behandlung der Brenner etwas weniger einfach ist, besteht aus dem Petroleum- und dem Gasrundbrenner. Die Flammen dieser Gruppe werden zum Schutz gegen Luftströmungen mit einem Glascylinder umgeben.

Hieran schliesst sich die Gruppe der nicht elektrischen Glühlichte, welche den Auer'schen Strumpf besitzen, und deren Behandlung daher bereits eine delikate sein muss. Auch diese Gruppe muss mit Ausnahme des Pressgases mit Glascylinder ausgestattet werden.

Die elektrischen Lichte, die Glühlampe und die Bogenlampe, bilden eine eigene Gruppe, welche für unseren vorliegenden Zweck nicht besprochen zu werden braucht.

Charakterisirung des Acetylenlichts. Ueberblicken wir die vorstehenden Ausführungen, so ergiebt sich für das Acetylenlicht Folgendes.

Das Acetylenlicht gehört, was die Farbe betrifft, zu den weissesten Lichten, reicht in Bezug auf Lichtstärke bis in die starken Flammen hinauf, aber auch bis zu den schwächsten hinab, stellt sich in Bezug auf die Kosten der einzelnen Flamme zwischen die billigsten, die Glühlichte, und die älteren Leuchtgasflammen, bildet in Bezug auf die Grösse der Leuchtstoffanlage ein Mittelglied zwischen den Gas- und elektrischen Anlagen einerseits und den mit Petroleum oder Spiritus gespeisten Flammen andererseits, und steht endlich in Bezug auf die Einfachheit der Brennerkonstruktion beinahe obenan.

Hierdurch ist die zugleich eigenthümliche und wichtige Stellung des Acetylenlichtes unter den übrigen Lichtquellen in den wesentlichen Punkten gekennzeichnet.

Die Zukunft der Acetylenbeleuchtung.

Obschon die Acetylenbeleuchtung zu den besten Hoffnungen berechtigt, muss das Urtheil über die bevorstehende Ausdehnung desselben recht verschieden ausfallen, je nachdem man den jetzigen Stand der Acetylentechnik zu Grunde legt, oder annimmt, dass diese Technik sich demnächst auf eine bedeutend höhere Stufe schwingen werde, namentlich durch Ausbildung einer zu allgemeiner Einführung geeigneten transportablen Acetylenlampe.

Wir betrachten im Folgenden die Zukunft der Acetylenbeleuchtung, indem wir von dem jetzigen Stand der Acetylentechnik ausgehen, und berühren die Ausdehnung, welche nach allgemeiner Einführung einer transportabelen Acetylenlampe zu erwarten ist, nur flüchtig.

Wir behandeln ferner die sich darbietenden einzelnen Fälle nacheinander, indem wir uns auf den Standpunkt desjenigen zu stellen suchen, der die Beleuchtung einzurichten hat, und die wichtigsten Gesichtspunkte hervorheben, welche auf seine Auswahl unter den verschiedenen Beleuchtungsarten Einfluss haben können.

In grossen Städten sind, wenigstens im Centrum, alle Lichtquellen vorhanden, und jeder, der eine Beleuchtung anlegen und vergrössern will, hat nach allen Seiten freie Wahl. Ist eine grössere Anzahl von Flammen einzurichten, so wird Gasglühlicht, oder elektrisches Glüh- oder Bogenlicht gewählt werden je nach den Rücksichten auf Preis, Lichtstärke, Schönheit und Bequemlichkeit der Handhabung.

Das Acetylen wird sich in diesem Falle wohl nur da einführen, wo es auf gute Wiedergabe der Farben ankommt, in Läden, aber vielleicht auch in Theatern, Festlokalen u. s. w.

An der Peripherie einer grossen Stadt ist die Sachlage eine andere. Gas und elektrische Leitungen von den grossen Centralanlagen her verbieten sich oft wegen der Kostspieligkeit und des zu geringen Lichtverbrauches; dann kann mit Vortheil das Acetylen eintreten, namentlich in Villen, Fabriken, Sommerlokalen u. s. w.

Auch in kleinen Städten, welche mehr als grosse Städte auf die Anlagekosten zu sehen haben, kann Acetylen mit Vortheil gegen Gas konkurriren. Eine Gasanlage kann nicht nur Gasglühlicht verwenden, sondern muss auch in Werkstätten und anderen Orten, wo die Handhabung der Glühstrümpfe zu delikat erscheint,

Die Zukunft der Acetylenbeleuchtung. 41

viele freibrennende Flammen anbringen; eine Acetylenanlage kann überall freibrennende Flammen verwenden, deren Schönheit und Lichtstärke diejenigen des Gasglühlichtes übertrifft und deren Preis zwischen demjenigen des Gasglühlichtes und der freibrennenden Gasflammen steht. Auf Dörfern und in einfachen Landhäusern wird das Petroleum vom Acetylen nicht verdrängt werden, wenn nicht eine allen Ansprüchen genügende, transportable Acetylenlampe erfunden wird oder der Petroleumpreis bedeutend steigt.

Wie geschaffen für Acetylenbeleuchtung sind dagegen Villen, Gutshöfe, abgelegene Fabriken, Berg- und Strandhôtels. In diesen Fällen, in welchen Leuchtgas und Elektricität ausgeschlossen sind, können nur Petroleum, Fettgas mit oder ohne Verbindung mit Gasglühlicht, und Acetylen konkurriren. Petroleum ist zwar billig und handlich, bleibt jedoch in Bezug auf Stärke und Schönheit des Lichtes hinter den beiden anderen Lichtarten weit zurück; wenn also in obigen Fällen eine kräftige oder eine elegante Beleuchtung gewünscht wird, — und dies wird meistens zutreffen — fällt Petroleum aus. Handelt es sich aber um Entscheidung zwischen Fettgas in Verbindung mit Gasglühlicht einerseits und Acetylen andererseits, so wird sehr häufig das Acetylen den Sieg davontragen, theils wegen des Reizes der Neuheit, dessen Einfluss oft recht bedeutend ist, theils wegen der einfacheren Handhabung und rascheren Inbetriebsetzung. Sowohl bei Fettgas, als bei Acetylen genügen, wenn die Einrichtung durch erfahrene Ingenieure ausgeführt ist, zur Betriebsführung ein oder mehrere intelligente Arbeiter; die Acetylenlage besitzt jedoch den grossen Vorzug vor der Fettgasanlage, dass nicht geheizt zu werden braucht und dass die Inbetriebsetzung nur in einer Reinigung und dem Einfüllen von Carbid besteht; dieser Vorzug wird oft den Ausschlag geben.

Richten wir endlich den Blick nach fremden Ländern, so stossen wir auf eine ganze Anzahl, in und ausser Europa, in welchen sowohl Kohlen als Petroleum theuer sind und infolgedessen auch Leuchtgas und elektrische Beleuchtung theuer werden; in solcher Lage befinden sich im Wesentlichen Italien, Spanien, Griechenland, Türkei, Russland und Tropenländer, wie Mexiko, Java, Brasilien u. s. w.

In Russland herrscht wohl kein besonders starkes Lichtbedürfniss; das Acetylen wird sich daher meistens an die Gutshöfe und kleinen Städte wenden müssen; dieses Feld ist aber keineswegs unbedeutend.

Die orientalischen und romanischen Länder Europas besitzen Bevölkerungen, die zur Arbeit mehr Indolenz zeigen als germanische, beim Vergnügen aber mehr Lichtbedürfniss. Dort wird sich das Acetylen festsetzen sowohl in den Hauptstrassen, in eleganten Wohnungen und bei festlichen Anlässen, als in Landsitzen und kleinen Städten. Auch hier ist es von wesentlicher Bedeutung, dass für Acetylen die Anklagekosten und die Ansprüche an die technische Geschicklichkeit verhältnissmässig geringe sind.

In ähnlicher Weise wird sich die Acetylenbeleuchtung in Tropenländern einbürgern; dort ist das Lichtbedürfniss ein besonders hohes, weil das Nachtleben viel grössere Ausdehnung annimmt, als in unseren Breiten.

Von hervorragender Wichtigkeit ist natürlich die Eisenbahnbeleuchtung. Dass dieselbe sich immer mehr dem Acetylen zuneigen werde, ist keine Frage; es ist dies eine Folge der eigenthümlichen technischen Schwierigkeiten, durch welche die Möglichkeit einer Lösung nur auf wenige Fälle eingeschränkt wird.

In Preussen hat sich das Ministerium bereits principiell zur Einführung des aus Fettgas und Acetylen bestehenden Mischgases entschlossen; die Schnelligkeit der Einführung wird namentlich von dem Maass der Carbidzufuhr abhängen.

Leider konnten wir uns keine authentischen Nachrichten darüber verschaffen, wie es in dieser Beziehung in anderen Ländern steht. Indessen sind grössere Versuche bereits in Frankreich und der Schweiz angestellt worden, und es darf wohl angenommen werden, dass das Acetylen, wenn auch vielleicht in verschiedener Weise, in der Eisenbahnbeleuchtung immer mehr Wurzel fassen wird.

Der allgemeineren Einführung des Acetylens scheint sich indessen ein sehr wesentliches Hinderniss entgegenzustellen, nämlich die Begrenzung der Carbidzufuhr.

Augenblicklich ist in Deutschland die Carbiderzeugung und -zufuhr derart begrenzt, dass die Errichtung neuer Acetylenanlagen dadurch behindert wird; in anderen Ländern herrscht eine ähnliche Knappheit an Carbid. Obschon an den verschiedensten Stellen grössere Carbidanlagen geplant und ausgeführt werden, ist vorauszusehen, dass jeder Vermehrung der regelmässigen Carbidherstellung eine Vermehrung der Acetylenanlagen folgen wird, sodass die ganze Acetylenbeleuchtung durch die Carbidfabrikation gleichsam im Zaum gehalten wird.

Wie diese Entwickelung enden wird, lässt sich auch nicht annähernd bestimmen, da einerseits weder die Gesammtsumme der zunächst in Betracht kommenden Wasserkräfte sich schätzen lässt, noch andererseits, z. B. für Deutschland, das Bedürfniss nach Acetylenbeleuchtung. Die nächsten Jahre, in welchen die Entwickelung wahrscheinlich einen rapiden Gang einschlagen wird, werden zur Beurtheilung dieser Frage wohl mehr Material schaffen; wir beschränken uns hier auf Mittheilung einiger Zahlen, soweit solche vorliegen.

Ein Acetylenbrenner von 30 Kerzen braucht ungefähr 22,5 Liter Acetylen per Stunde, also täglich (5 Stunden) 112,5 Liter oder 0,37 Kilo Carbid, jährlich etwa 135 Kilo Carbid. 1 ton Carbid beschäftigt also ca. 7 Brenner ein Jahr, 1000 Tons daher ca. 7000 Brenner ein Jahr; eine jährliche Produktion von 1000 Tons Carbid würde aber eine stetig, Tag und Nacht arbeitende Betriebskraft von 1000 Pferdestärken erfordern.

In Berlin brennen etwa 1344000 Brenner der verschiedensten Art mit einem jährlichen Consum von 131 Mill. Cubikmeter Leuchtgas; würden dieselben durch ebensoviele Acetylenbrenner von grösserer Leuchtkraft ersetzt, so müsste also das für Berlin nöthige Carbid durch eine Gesammtbetriebskraft von etwa 70000 Pferdestärken erzeugt werden.

Wenn auf den preussischen Eisenbahnen die Beleuchtung durch $1/4$ Acetylen und $3/4$ Oelgas durchgeführt wird, so würden jährlich 3000—4000 Tons Carbid gebraucht, also eine Betriebskraft von 3000—4000 Pferdestärken dauernd beschäftigt.

Sind diese Zahlen auch vorläufig ohne Zusammenhang, so gewinnen sie vielleicht für den Leser mit der Zeit einen solchen, wenn allmählich Angaben über die Ausdehnung der Acetylenbeleuchtung und die Carbidzufuhr bekannt werden.

Ganz andere Aussichten würden sich der Acetylenbeleuchtung eröffnen, wenn es gelänge, eine tragbare Acetylenlampe zu konstruiren, bei welcher die Handhabung in Bezug auf Sicherheit und Bequemlichkeit ähnliche Vorzüge darbietet wie bei der Petroleumlampe; dann könnte, wenn es die Preisverhältnisse zulassen, das Acetylen ebenso in die einfachen Wohnungen eindringen wie s. Z. das Petroleum und würde vielleicht dem von den amerikanischen

Petroleumbesitzern angestrebten Monopol mit Erfolg entgegentreten. Wir versagen uns indessen, hierauf näher einzugehen, weil wir in dieser Schrift nur thatsächlich Vorhandenes oder in naher Aussicht Stehendes behandeln.

Schluss.

Der Eindruck, dass die Acetylenbeleuchtung eine bedeutungsvolle, aber noch in ihren Anfängen steckende technische Bewegung darstellt, theilt sich wohl Jedem mit, der von den Thatsachen Kenntniss nimmt. Die Propaganda, wie solche durch unsere und andere Schriften bezweckt wird, kann wohl dazu dienen, das Interesse des Publikums und der Techniker anzuregen; die eigentliche Entwickelung aber wird von den technischen und ökonomischen Erfolgen abhängen.

Am Anfang dieser Entwickelung, auf welche die Verbreiter der anderen Beleuchtungsarten vielleicht mit Besorgniss blicken, lohnt es sich, an einen ähnlichen Zeitpunkt, den Anfang der elektrischen Beleuchtung, sich zu erinnern.

Damals entspann sich ein ziemlich erbitterter Kampf zwischen Gasingenieuren und Elektrotechnikern: die Ersteren wollten ihre mühsam aufgebaute Festung vor dem Eindringen des neuen Lichts schützen, die Letzteren wollten Bresche schiessen.

Heutzutage ist die Animosität verschwunden, der Kampf zu Ende; und wer hat gesiegt? Beide. Das Vordringen des elektrischen Lichts hat das Lichtbedürfniss des Publikums so stark angeregt, dass nicht nur die elektrische Beleuchtung gewaltige Fortschritte erzielte, sondern auch die durch neuere Erfindungen verstärkte Gasbeleuchtung eine bedeutende Entwickelung genoss.

Aehnlich wird es mit der Acetylenbeleuchtung gehen. Diejenigen, deren ungünstige Verhältnisse bisher die Theilnahme an den neueren Fortschritten in der Beleuchtung nicht gestatteten, werden sich mit Eifer auf diese Beleuchtung werfen. Die Acetylenbeleuchtung wird weder den Besitz der älteren Schwestern, noch dessen Vermehrung verhindern; sie wird sich aber in den „Beleuchtungsreigen" einschieben, indem sie eine bisher leer gelassene Stelle besetzt.

If you have any concerns about our products,
you can contact us on
ProductSafety@springernature.com

In case Publisher is established outside the EU,
the EU authorized representative is:
**Springer Nature Customer Service Center GmbH
Europaplatz 3, 69115 Heidelberg, Germany**

Printed by Libri Plureos GmbH
in Hamburg, Germany